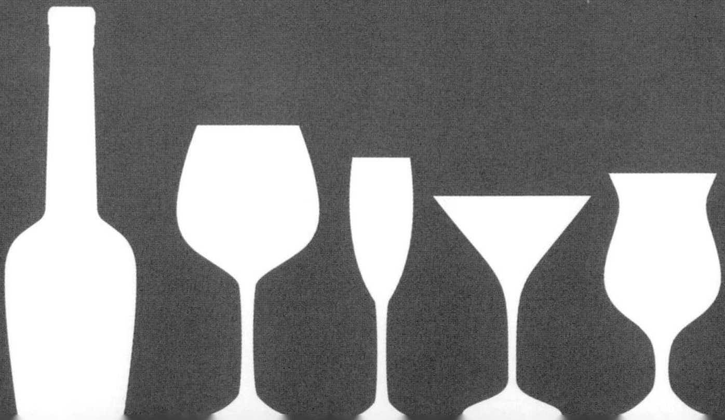

簡·單·調·製
雞尾酒
調酒新手的
第一本書

李佳紋◎著

為自己調一杯雞尾酒吧！
Enjoy

念大學時開始接觸雞尾酒，這是一門很吸引人的課程，我發現：只要把握住幾個基本技巧，經過自己的創意，就會有豐富的變化。

雞尾酒是動人的飲料，但是根深柢固的觀念作祟，「酒」這個字總和酒鬼、酗酒、酒醉駕車等不好的字句聯想在一起，所以一般人多半對「酒」保持距離。大學畢業後，即便我曾在飯店工作了兩年，對雞尾酒的認識還是有限。

進入了以雞尾酒聞名的餐廳工作後，我才開始真正認識雞尾酒。從基礎的技巧、抓酒瓶、練習倒酒的手感，一直到酒材的認識、背酒譜，嘗試酒單上每一道酒的風味，慢慢的我終於可以成功地站在吧檯後，調製出一道道雞尾酒讓前座的客人品啜。聽到客人讚美的聲音，應該是每一位調酒師感到最光榮的時刻吧！

身為調酒師，讓我參與了許多人的喜怒哀樂，夏威夷草群舞婚禮中的快樂賓客、退休後排解寂寞的老爹、大吐苦水的上班族、甜蜜的新婚夫妻、辛苦不懈追女友的男生、好久不見的老朋友……以及，就是愛喝招牌雞尾酒的忠實顧客。一段段不同的故事，如同一杯杯口味多變、色彩繽紛的雞尾酒，豐富了我的人生。2009年我曾出版《我的第一本調酒書》一書，已絕版許久，因此朱雀文化特別從書中挑選出近60款的雞尾酒重製而成，希望讀者們喜歡。

在家只要準備幾瓶基酒和道具，就可以輕鬆調製雞尾酒；家庭聚會時可調一缸低酒精的水果酒；朋友來訪也可以現調出漂亮的雞尾酒；而屬於自己的雞尾酒，則不必拘泥於一定的形式，想喝就來上一杯！

為自己調一杯雞尾酒吧！當你啜飲第一口冰涼雞尾酒時，就暫時忘記一切，enjoy 吧！

李佳紋

如何使用本書

① **本書分成 4 大單元：**

Part 1 在家做雞尾酒

Part 2 超人氣－ Best Choose 必點調酒

Part 3 最知名— Classic Cocktail 經典調酒

Part 4 受歡迎— Popular Cocktail 最愛調酒

② 酒名：每道酒都附有中英文名稱。

③ 前言：簡單介紹這道雞尾酒的特色，讓你對它有些認識。

④ 材料：材料均附有中英文名，方便讀者自行選擇合口味的品牌。

⑤ 基本資訊：

味道：由辛辣到甜味分 1～5，越低越辛辣。

酒精濃度：分低、中、高 3 級。

調法：Shake 搖盪法、 Electric Blend 電動攪拌法、Pour 直接注入法、Float 漂浮法和 Stir 攪拌法 5 種，詳細調製法請參考 P.13。

⑥ 做法：簡單的製作過程，新手也不會失敗。

目錄 CONTENTS

01

在家做
雞尾酒

What's 雞尾酒？
吧檯術語有哪些？
如何調酒最容易成功？
翻開這單元，統統告訴你！

What's 雞尾酒？

　　所謂雞尾酒，簡單來說，就是混合兩種以上不同的材料後形成的一種新的口感，搭配上適當的酒杯，利用水果或花、葉裝飾，就成為一杯雞尾酒。

　　調製雞尾酒一定要認識琴酒、伏特加、蘭姆、威士忌、白蘭地和龍舌蘭酒等六大基酒，最簡單的調酒就是選擇一種基酒，加上果汁或汽水等無酒精飲料，就可以變化出好喝的雞尾酒了。

　　把握住這個原則，只要家中準備一、兩種基酒，應該可以變化出十多款調酒。這種調製法可以很彈性的隨各人喜好加減基酒的份量。

　　具甜度、酒精濃度不低的香甜酒在雞尾酒的調製過程中佔有很重要的份量，水果類香甜酒以柑橘皮味的香甜酒運用最廣泛，其他還有桃子、草莓、荔枝等，咖啡酒、愛爾蘭奶油酒，以及薄荷酒、各類香草酒等也都是常見的香甜酒，種類不下數百種。

　　使用搖酒器調製的雞尾酒，一次可調製 1～3 人份，若在家中舉行小型聚會，則可以利用較大的容器調製 Punch。Punch 調製法可以參考書中的酒譜，選擇果汁或汽水成份較高且材料不多的，依等比例增加，就可以調出一缸 Punch 了。

吧檯術語有哪些？

　　如果懶得在家裡調酒，去 Pub 喝酒也是一件舒服的事；但首先要學會常常聽到的吧檯術語，如此不僅可以跟調酒師聊天，碰到來一起喝酒的友人也可以五四三的說說笑笑。

> **Bartender**：即酒保、調酒師。

> **Base**：基酒，雞尾酒多半以烈酒為主體，搭配香甜酒及果汁等，這些烈酒就稱為基酒。

> **Dry**：用在葡萄酒中，意為「不甜」；用在琴酒和啤酒中，則意為「烈」。

> **Double**：雙份

> **Single**：單杯

> **Daiquiri**：即黛克瑞，通常以蘭姆酒為基酒調製，加入水果和果汁製成的雞尾酒（可參考 P.30「鳳梨黛克瑞」）。

> **Fizz**：混合飲料之一，特色是有氣泡。

> **Frozen**：霜凍類調酒，即以機器攪打出冰砂狀的雞尾酒（可參考 P.108 霜凍柏克萊、P. 42 草莓瑪格麗特）。

> **Half & Half**：即一半水、一半酒。

> **Punch**：一種混合飲料，可大量調製，是宴會場合的最佳飲料。

> **Proof**：美國較常使用衡量烈酒酒精成份的計量單位，是酒精度數的兩倍，如 100 Proof 表示酒精度 50 度。

> **Recipe**：即酒譜，調製雞尾酒時所使用之配方。

> **Rimming a Glass**：即杯口加糖圈或鹽圈，稱之為雪糖杯或雪鹽杯。

> **one more round**：每個人各來一杯。

> **Straight up**：指純喝之意。

> **On the Rocks**：以古典杯盛酒，杯內加有冰塊。

> **Long Drinks**：長飲，指加有蘇打水等可以慢慢飲用的調配式飲料。

> **Short Drinks**：短飲，指的是烈酒、餐前酒等短時間可喝完的飲料。

> **Sour**：即酸酒，調製時加入檸檬汁及糖水變成酸酸的飲料。

> **Mocktail**：即 mock coktail，指的是無添加酒精的調酒，也有人會在酒名上加個 " virgin "，最常見的例子是 Virgin Mary，少了伏特加的血腥瑪莉，應該就是一道健康的果菜汁了。

> **Twist**：扭轉之意，將去掉果肉的檸檬皮或柳橙皮，於杯子口扭轉後丟入飲料中，會使雞尾酒散發出清新的香味。

最簡單的調酒成功 5 大原則

要調製一杯雞尾酒不難，要調製好喝的雞尾酒，說實話也很簡單；但是想要調製很多杯好喝的雞尾酒，就不只是靠運氣囉！注意下面幾個重點，你絕對可以做個風光的主人，在家請朋友喝雞尾酒，杯杯好喝！

➤ 冰杯

冰鎮的杯子可保持雞尾酒的風味。最簡易的冰杯方法就是事先把酒杯放入冰箱冰鎮 2、3 分鐘，而如果來不及冰杯，也可用冰塊裝滿杯子，加入清水搖盪 5 ～ 7 圈至滿，然後倒掉。

基酒，雞尾酒多半以烈酒為主體，搭配香甜酒及果汁等，這些烈酒就稱為基酒。

➤ 時間

攪拌及搖盪的時間影響一杯酒的可口。一般雞尾酒約需攪拌 8 圈左右使酒材融合，在家中調製時可以不需另外購買攪拌器具（如刻度調酒杯及濾冰器），可以搖酒器的底杯代替，攪拌次數不可太多，易造成冰塊過度溶化，而破壞風味。搖盪法約 8 ～ 10 下，至搖酒器外部結霜即可。

➤ 杯子

酒杯需考慮酒譜的份量，大部分雞尾酒都有專屬的杯子，但若自己在家淺酌，也不必太講究。一般來說，雞尾酒杯份量較小，是盛裝不含冰塊的飲料。若酒譜中含有果汁、碳酸類等無酒精飲料，杯子中會加入冰塊；因此需要選擇容量較大的杯子，杯子的材質以玻璃較佳，可以完整呈現雞尾酒美麗的顏色。

➤ 速度

以搖盪法或攪拌法開始調製一杯雞尾酒至完成，約花費 40 秒鐘的時間較適當，因此調製雞尾酒前須先將所有的器具材料準備完成，再開始動作。若一邊調製一邊找東西，飲料完成時冰塊也已經化光了。

➤ 裝飾

多利用檸檬、柳橙、鳳梨、紅綠櫻桃、薄荷葉等裝飾物，可為雞尾酒畫龍點睛，增加色彩。若要完整呈現雞尾酒的特色，適當的裝飾是需要的，也可以使用花葉或小道具幫忙。酒譜中之「扭轉」(Twist) 是要用一段切好的檸檬皮或柳橙皮，在杯口扭轉一下，再輕輕的抹在杯口一圈，接著把皮放入酒杯中，以增加此杯飲料之風味並做為裝飾物（可參考 P.26 柯夢波丹）。

最基礎的 5 種雞尾酒調製法

調製雞尾酒除了常見的 Shake！Shake！搖盪法外，學會了一層層堆積的漂浮法可是很嗆的喔！此外，以機器攪打出冰砂狀的雞尾酒則是現在最受歡迎的調酒。

➤ 搖盪法 (Shake)

❶ 將冰塊夾入搖酒器底杯中約五分滿，可依調製份量加減冰塊。

❷ 量取酒材依序倒入，部份材料不適合直接接觸冰塊，因此需依酒譜中的順序倒入。

❸ 蓋上過濾器及頂蓋，以手指扣緊頂蓋及瓶底，均勻的上下搖盪約 10 下左右，可用單手或雙手操作。若酒材中有不易混合的材料，可多搖 1～2 下，至瓶身外部結霜。

❹ 移開頂蓋，將搖酒器中飲料過濾倒至杯中。

➤ 漂浮法 (Float)

❶ 量取第一道酒材，通常有分層效果的雞尾酒會考慮酒材的特性，因此要依據酒譜的順序加入才有完美的呈現。

❷ 一手扶住杯底，另一手將量酒器中的酒緩緩倒入，盡量保持杯皿乾淨。

❸ 量取第二道酒材，以吧叉匙靠近杯子內緣，匙背朝上，讓酒材沿著匙背緩緩倒入；動作分為兩階段，先倒一些稍微停頓，再將剩餘部分倒完，避免衝下的力量太大容易渾濁。

❹ 成品會有明顯的分層效果，比重較大的酒在最下層，最上層比重最輕。

➤ 電動攪拌法（Electric Blend）

❶ 先放置冰塊於鋼杯中，約三分之一杯，可依調製份量加減冰塊。

❷ 量取酒材倒入鋼杯中。

❸ 蓋緊杯蓋，打開電源，攪打約 7 ～ 10 秒後關掉電源，檢視有無冰塊卡住，或是否已成需要的雪泥狀。若需要碎冰，則約攪打 5 秒左右即可。

❹ 以吧叉匙輔助，將成品倒入準備好的杯中。

➤ 直接注入法（Pour）

❶ 使用直接注入法的雞尾酒一般都屬於長飲飲料，需要容量比較大的寬口玻璃杯，先在杯中加入冰塊約六分滿。

❷ 依照酒譜的順序量取酒材倒入。

❸ 以直接注入法調製雞尾酒，必須使用容易混合的酒材，因此通常會搭配無酒精飲料，將果汁等無酒精飲料倒至八分滿。

❹ 使用吧叉匙將杯中的飲料攪拌均勻，放入攪拌棒或吸管即可。

➤ 攪拌法（Stir）

❶ 將雞尾酒杯冰鎮（可在杯中加入冰塊及水，先放在一側）。

❷ 刻度調酒杯中加入 1/3 杯冰塊，依序量取酒材倒入酒杯中。酒材較少或是在家調製時，可以搖酒器代替刻度調酒杯。

❸ 以吧叉匙攪拌至杯內飲料均勻混合。

❹ 將雞尾酒杯內的冰塊及水倒掉，濾水器架在調酒杯口，將飲料過濾倒出。

02

超人氣—
Best
Choose
必點調酒

獨自一人或與三五好友走進酒吧或是餐酒館，
想來喝一杯調酒卻不知道應該如何點？
酒單也看不懂，更不用說酒單寫的酒了？
這個單元介紹 18 種必點調酒，
下次去酒吧點這些，保證不踩雷。

馬丁尼 *Dry Martini*

馬丁尼是世界知名的開胃酒,做法超級簡單,只要將琴酒加上苦艾酒,再配上一顆紅心橄欖就風味絕佳。以吧叉匙攪拌時,動作要迅速,不可攪拌太過,使得冰塊溶化破壞整體感。馬丁尼很重要的是要夠冰,溫度愈低愈是對味,等接近室溫時會苦得難以入口。

Dry Martini

調法:Stir
味道:4
酒精濃度:中

材料 Ingredients

琴酒(Gin)11/2 oz.
不甜苦艾酒(Dry Vermouth)3/4oz.
紅心橄欖(Olive)1 顆

做法 Preparation

1. 冰杯:先將酒杯冰鎮(可參考 P.11 冰杯的做法)。
2. 搖酒器裝 1/2 杯冰塊,依序加入琴酒和苦艾酒,以吧叉匙攪拌約二至三圈,至均勻。
3. 將飲料過濾倒入事先冰鎮好的雞尾酒杯。
4. 放入紅心橄欖裝飾。

Dry
Martini

琴湯尼 *Gin Tonic*

這一道廣受歡迎的餐前飲料，可以切一片檸檬片沿杯口輕抹一圈，
再丟入飲料中；輕輕啜飲，於是鼻子裡充滿琴酒和檸檬的清香，加
上苦澀略帶甘甜的通寧水，適合一人獨飲。

Gin Tonic

調法：Pour
味道：3
酒精濃度：低

材料 Ingredients

琴酒（Gin）1 1/2 oz.
通寧水（Tonic）八分滿

做法 Preparation

1. 取一 10oz. 酒杯，裝入六分滿冰塊，量取琴酒倒入。
2. 通寧水加至八分滿。
3. 攪拌均勻後，放入調酒棒。
4. 可將檸檬片輕抹杯口丟入，增加香味。

Gin Tonic

新加坡司令 *Singapore Sling*

這款酒起源於新加坡的萊佛士酒店，由華裔原籍海南島的酒保嚴崇文（Ngiam Tong Boon）調製而成，由於口感舒暢而廣受歡迎，使得新加坡司令一炮而紅。酒保當年調酒的手稿目前還存放於酒店的博物館，如今酒店每天仍需調配兩千杯以上的新加坡司令。

Singapore Sling

調法：Stir
味道：3
酒精濃度：中

材料 Ingredients

琴酒（Gin）1 1/2 oz.
檸檬汁（Lemon Juice）1oz
糖水（Syrup）1oz.
紅石榴糖漿（Grenadine Syrup）1/2oz.
蘇打水（Soda）八分滿
櫻桃白蘭地（Cherry Brandy）1/4oz.

做法 Preparation

1. 取一只 12oz. 容量酒杯，加入六分滿冰塊。
2. 搖酒器裝入 1/2 杯冰塊，量取琴酒、檸檬汁、糖水和紅石榴糖漿依序加入，搖盪至外部結霜。
3. 將飲料過濾倒入杯中，加入蘇打水至八分滿，量取櫻桃白蘭地，沿杯壁緩緩倒入。
4. 放入調酒棒及吸管，取一片檸檬或以柳橙片裝飾。

Singapore
Sling

螺絲起子 *Screwdriver*

螺絲起子酒精濃度不高，調製方法簡單，材料購買容易，是可以輕鬆在家招待朋友的雞尾酒。雞尾酒除了調製方法和酒材比例外，裝飾物的搭配和整體美觀也十分重要，隨手利用簡單的檸檬片或柳橙片，就可以製造出華麗的效果。

Screwdriver

調法：Pour
味道：2
酒精濃度：低

材料 Ingredients

伏特加（Vodka）1 1/2 oz.
柳橙汁（Orange Juice）八分滿

做法 Preparation

1. 取一 10oz. 酒杯，裝入六分滿冰塊。
2. 量取伏特加倒入，加柳橙汁至八分滿。
3. 可放入檸檬或柳橙片為裝飾，放入調酒棒即可啜飲。

Screwdriver

柯夢波丹 *Cosmopolitan*

將檸檬皮在杯子上方扭轉，可讓檸檬的香氣環繞在杯口，同時有味覺、嗅覺和視覺的享受，使得柯夢波丹成為吧檯上極熱門的飲料。調製時最重要的是杯子一定要冰鎮，冰涼的感覺更能感受四種酒材的完美結合。製作檸檬皮要先準備檸檬角，檸檬的清香完全來自於檸檬的綠皮，若留下太多白色部分，則會產生苦味。

Cosmopolitan

調法：Shake
味道：4
酒精濃度：中

材料 Ingredients

伏特加（Vodka）1 1/2 oz.
君度橙香甜酒（Cointreau）1/2oz.
萊姆汁（Lime Juice）1/2oz.
蔓越莓汁（Cranberry Juice）1oz.
檸檬皮（Lemon Peel）1 片

做法 Preparation

1. 冰杯：先將酒杯冰鎮（可參考 P.11 冰杯的做法）。
2. 搖酒器裝入 1/2 杯冰塊，依序加入全部材料，搖盪至外部結霜。
3. 將飲料過濾倒入事先冰鎮好的雞尾酒杯。
4. 把檸檬皮於杯子上方扭轉後，再丟入杯中裝飾。

Cosmopolitan

曼哈頓 *Manhattan*

配方加入了甜苦艾酒，所以是一道偏甜的雞尾酒，喜歡辛辣口味的酒客可以嘗試 Dry Manhattan，將甜苦艾酒換成不甜苦艾酒（Dry Vermouth），裝飾物改成紅心橄欖即可。因為杯子的容量小，無法加入冰塊，且避免溶化的冰塊影響口感，所以調製以雞尾酒杯盛裝的飲料都需要事先冰杯。

調法：Stir
味道：4
酒精濃度：中

材料 Ingredients

波本威士忌（Bourbon Whiskey）1 1/2 oz.
甜苦艾酒（Sweet Vermouth）3/4oz.
苦精（Angostura Bitter）1 滴

做法 Preparation

1. 冰杯：先將酒杯冰鎮（可參考 P.11 冰杯的做法）。
2. 搖酒器裝 1/2 杯冰塊，依序加入威士忌、甜苦艾酒和苦精，以吧叉匙攪拌均勻。
3. 將飲料過濾倒入事先冰鎮好的雞尾酒杯。
4. 放入紅櫻桃做為裝飾。

Manhattan

神風特攻隊 *Kamikaze*

新鮮檸檬汁的香味及酸味較重,和伏特加搭配效果很好,可以利用糖水調和;但並不是所有的雞尾酒都適合用新鮮的果汁調製;一些瓶裝或罐裝的果汁,其香味及甜味是修飾過的,加入雞尾酒後反而更能調製出柔和、順口的口感,有時間可以自己試試其中的不同。

Kamikaze

調法:Shake
味道:3
酒精濃度:中

材料 Ingredients

伏特加(Vodka)1 1/2 oz.
白柑橘香甜酒(Triple Sec)1/2oz.
新鮮檸檬汁(Fresh Lemon Juice)1/2 oz.
糖水(Syrup)1/2oz.

做法 Preparation

1. 冰杯:先將酒杯冰鎮(可參考 P.11 冰杯的做法)。
2. 搖酒器裝入 1/2 杯冰塊,依序加入伏特加、香甜酒、檸檬汁和糖水,搖盪至外部結霜。
3. 將飲料過濾倒入事先冰鎮好的雞尾酒杯。
4. 切一片檸檬做為裝飾。

Kamikaze

Frozen Pineapple Daiquiri

鳳梨黛克瑞

相傳是在古巴黛克瑞礦山工作的工人所發明的，也是作家海明威在古巴寫作《老人與海》時，最愛的調酒之一。黛克瑞可說是以蘭姆酒為基酒的調酒中最具代表性的一杯，而這道調酒在海明威所著的《島之戀》（Islands in the Stream）中常出現。

調法：Electric Blend
味道：2
酒精濃度：中

材料 Ingredients

白色蘭姆酒（White Rum）1 1/2 oz.
白柑橘香甜酒（Triple sec）3/4oz.
新鮮檸檬汁（Fresh Lemon Juice）3/4oz.
糖水（Syrup）3/4oz.
新鮮鳳梨片（Fresh Pineapple）4 片

做法 Preparation

1. 電動攪拌機中加入冰塊，約鋼杯 1/3 的量。
2. 將鳳梨切小片丟入，再依序加入其他材料攪打均勻成雪泥狀。
3. 倒入雞尾酒杯中，附上吸管或小茶匙。

Frozen
Pineapple
Daiquiri

轟炸機 *B52*

B52 推出後因為其口感外觀及名稱完美的搭配，形成一股流行風潮。利用三種不同顏色搭配，調製時只要特別小心，應該都可以成功。一口飲盡這三種全無稀釋的香甜酒，還真像是 B52 轟炸機一般，轟烈痛快，果真酒如其名。

調法：Float
味道：1
酒精濃度：高

材料 Ingredients

咖啡香甜酒（Kahlua coffee Liqueur）1/2oz.
貝里斯奶酒（Bailey's Irish Cream）1/2oz.
柑橘香甜酒（Grand Marnier）1/2oz.

做法 Preparation

1. 取一只 2oz. 容量小酒杯，量取咖啡香甜酒倒入。
2. 量取貝里斯奶酒，以吧叉匙抵住杯口，順著匙背將酒緩緩倒入，使其漂浮於咖啡香甜酒之上。
3. 量取柑橘香甜酒，以同樣方法倒入，使其漂浮於奶酒之上即可。

邁泰 *Mai Tai*

邁泰在大溪地文意思為「世界頂尖」，有熱帶雞尾酒女王的稱譽。
基酒是蘭姆酒，搭配紅石榴糖漿及果汁，不但顏色鮮豔且口感豐
富，可謂熱帶風情雞尾酒中最佳的代表。

調法：Shake
味道：3
酒精濃度：高

材料 Ingredients

白色蘭姆酒（White Rum）1 1/2 oz.
深色蘭姆酒（Dark Rum）1oz.
紅石榴糖漿（Grenadine Syrup）1/2oz.
白柑橘香甜酒（Triple sec）1/2oz.
鳳梨汁（Pineapple Juice）2oz.
檸檬汁（Lemon Juice）3/4oz.
糖水（Syrup）1/2oz.

做法 Preparation

1. 搖酒器裝入 1/2 杯冰塊，依序加入全部材料，搖盪至外部結霜。
2. 取一只 12oz. 容量酒杯，倒入飲料和冰塊，放入吸管。
3. 可以鳳梨片和紅櫻桃做為裝飾。

Mai Tai

特吉拉日出 *Tequila Sunrise*

這杯酒調製完成後因為緩緩倒入的紅石榴糖漿而呈現紅色底部，加上上層大部分的橘色，整杯酒就像是日出時陽光呈現的景象而得名。

Tequila Sunrise

調法：Pour
味道：3
酒精濃度：低

材料 Ingredients

龍舌蘭（Tequila）1oz.
柳橙汁（Orange Juice）八分滿
紅石榴糖漿（Grenadine Syrup）1/4oz.

做法 Preparation

1. 取一只 10oz. 酒杯，裝入六分滿冰塊。
2. 量取龍舌蘭酒倒入，加柳橙汁至八分滿。
3. 攪拌均勻後，量取紅石榴糖漿，沿杯壁緩緩倒入。
4. 放入調酒棒，飲用時再攪拌即可。

Tequila
Sunrise

夏日風情 *Pina Colada*

這也是一道極受歡迎的夜店調酒，Pina Colada 是西班牙文，在國外這款酒也因為一首歌 "Escape" (Pina Colada Song) 而更具知名度。如果減去蘭姆酒就是 Virgin pina Colada。而將蘭姆酒換成伏特加就成了奇奇的配方。

調法：Shake
味道：2
酒精濃度：中

材料 Ingredients

白色蘭姆酒（White Rum）1 1/2 oz.
椰子香甜酒（Malibu）1oz.
鳳梨汁（Pineapple Juice）2oz.

做法 Preparation

1. 準備一只 8oz. 寬口玻璃杯。
2. 將搖酒器裝入 1/2 杯冰塊，依序倒入白色蘭姆酒、椰子香甜酒和鳳梨汁，搖盪至外部結霜。
3. 將飲料和冰塊倒入酒杯中即可，可以鳳梨或檸檬片裝飾。

Pina Colada

Pina
Colada

Frozen Strawberry Margarita
草莓瑪格麗特

酸酸甜甜的口味和賞心悅目的顏色，加上透心涼的冰砂；凍霜瑪格
麗特幾乎是夜店裡最受漂亮美眉喜愛的一道調酒。除了常見的草莓
之外，也可多試試其他微酸口感的水果，如鳳梨、百香果、柳橙等。

調法：Electric Blend
味道：2
酒精濃度：中

材料 Ingredients

龍舌蘭（Tequila）1 1/2 oz.
白柑橘香甜酒（Triple sec）3/4oz.
新鮮檸檬汁（Fresh Lemon Juice）3/4oz.
糖水（Syrup）1/2oz.
新鮮草莓（Fresh Strawberry）4 顆

做法 Preparation

1. 電動攪拌機中加入冰塊，約鋼杯 1/3 的量。
2. 將草莓丟入，再依序加入其他材料攪打均勻成雪泥狀。
3. 倒入雞尾酒杯中，附上小茶匙，以草莓做裝飾。

Frozen Strawberry Margarita

萊姆伏特加 *Vodka Lime*

伏特加及萊姆汁的比例以 2：1 即可，這道酒材料簡單，容易表現伏特加的風味，因此愛好伏特加的朋友可以從市面上不同等級品牌的伏特加中挑出自己最喜歡的感覺，調一杯屬於自己的 Vodka Lime。

Vodka Lime

調法：Pour
味道：3
酒精濃度：中

材料 Ingredients

伏特加（Vodka）1 1/2 oz.
萊姆汁（Lime Juice）3/4 oz.

做法 Preparation

1. 取一 6oz. 容量酒杯，先以檸檬片沾濕杯口，再以滾動方式將杯口沾上一圈鹽巴。
2. 杯中裝入六分滿冰塊。
3. 量取伏特加和萊姆汁倒入，攪拌均勻即可啜飲。

Vodka Lime

蜜多利酸酒 *Midori Sour*

如果你喜歡哈密瓜，就一定要試試這道酸酒；漂亮清透的綠色和哈密瓜的香甜味，啜飲一口，感覺彷彿置身於夏日午后的青青草原上，微風徐徐吹來，暑意全消。

蜜多利香甜酒酒瓶相當別致，產自墨西哥，但其實是日本三得利酒廠的商品；而「蜜多利」這個字發音就是日本字的「綠色」。

Midori Sour

調法：Stir
味道：4
酒精濃度：中

材料 Ingredients

蜜多利香甜酒 (Midori) 11/2 oz.
檸檬汁（Fresh Lemon Juice）1oz.
糖水（Syrup）1/3oz.

做法 Preparation

1. 冰杯：先將酒杯冰鎮（可參考 P.11 冰杯的做法）。
2. 搖酒器裝入 1/2 杯冰塊，依序加入香甜酒、檸檬汁和糖水，搖盪至外部結霜。
3. 將飲料倒入事先冰鎮好的酸酒杯，以紅櫻桃裝飾。

Midori Sour

奇奇 *Chi Chi*

這道含有豐富鳳梨汁的雞尾酒原產地為夏威夷，原始的配方只有伏特加、鳳梨汁和椰漿，這裡增加了檸檬汁和糖水，讓酸甜的口感更多了點深度。

把伏特加換成蘭姆酒就成了另一道知名調酒 Pina Colada，而去掉伏特加的無酒精飲料，則叫做 Virgin Chi Chi。

Chi Chi

調法：Electric Blend
味道：2
酒精濃度：低

材料 Ingredients

伏特加（Vodka）1 oz.
鳳梨汁（Pineapple Juice）3 oz.
檸檬汁（Lemon Juice）1/2 oz.
椰漿（Coconut Cream）3/4 oz.
糖水（Syrup）適量

做法 Preparation

1. 電動攪拌機中加入冰塊，至約鋼杯的 1/2 量。
2. 量取全部材料，依序加入，攪打均勻成雪泥狀。
3. 將飲料倒入 12oz. 容量的酒杯中，可以用鳳梨片或檸檬片裝飾。

Chi Chi

Brandy Alexander

白蘭地亞歷山大

材料中的白蘭地不限於某種品牌，若是只為調酒使用的基本酒，就不須購買太貴的等級，奶水可以到超商購買，開瓶後未使用完畢必須密封冰在冰箱裡，豆蔻粉也可以在超市中買到。

Brandy Alexander

調法：Shake
味道：1
酒精濃度：中

材料 Ingredients

白蘭地（Brandy）1 1/2 oz.
深可可香甜酒（Dark Creme de Cacao）3/4oz.
奶水（Light Cream）3/4oz.
豆蔻粉（Nutmeg Powder）少許

做法 Preparation

1. 冰杯：先將酒杯冰鎮（可參考 P.11 冰杯的做法）。
2. 搖酒器裝 1/2 杯冰塊，依序加入白蘭地、可可香甜酒和奶水，搖盪至外部結霜。
3. 將飲料過濾倒入事先冰鎮好的雞尾酒杯。
4. 在飲料上方撒下少許豆蔻粉做為裝飾。

Brandy
Alexander

性慾海灘 *Sex on the Beach*

據統計這款調酒是最受美國人喜歡的雞尾酒之一，因為伏特加酒本身沒有味道，所以整杯酒裡充滿了蜜桃和鳳梨、蔓越莓的香味顏色又漂亮，適合夏夜或夏日午後啜飲。

Sex on the Beach

調法：Pour
味道：2
酒精濃度：中

材料 Ingredients

伏特加（Vodka）1 1/2 oz.
蜜桃香甜酒（Peach Liqueur）3/4oz.
鳳梨汁（Pineapple Juice）2oz.
蔓越莓汁（Cranberry Juice）2oz.
柳橙皮（Orange Peel）1 片

做法 Preparation

1. 搖酒器裝入 1/2 杯冰塊，依序加入伏特加、蜜桃香甜酒、鳳梨汁和蔓越莓汁，搖盪至外部結霜。
2. 取一只 10oz. 容量寬口杯，裝入六分滿冰塊，將飲料過濾倒入。
3. 可以柳橙皮做為裝飾。

Sex on the Beach

03

最知名—
Classic
Cocktail
經典調酒

歷經了多年還廣受歡迎，不被淘汰的經典調酒，
是酒客的最愛；這些經典雞尾酒個個都有不同的起源和故事，
而且隨著時代的改變會增加不同的配方，而有更多的喝法。
初次嘗試，可先從瑪格麗特 Magarita、奇異果黛克瑞 Kiwi
Daiquiri、紅粉佳人 Pink Lady 等酸甜又美麗的雞尾酒開始，
一入口就沁涼忘憂。從此，保證你對雞尾酒愛不釋手。

瑪格麗特 *Margarita*

這是一杯非常流行的雞尾酒，利用龍舌蘭和鹽巴完美的搭配，加上柑橘和檸檬的香味，相當好喝。可以當作餐前酒或佐餐酒，清新脫俗的味道，多喝一杯也不會膩。

Margarita

調法：Shake
味道：4
酒精濃度：中

材料 Ingredients

龍舌蘭（Tequila）1 1/2 oz.
白柑橘香甜酒（Triple sec）3/4 oz.
檸檬汁（Lemon Juice）3/4 oz.
糖水（Syrup）1/2 oz.

做法 Preparation

1. 冰杯：先將酒杯冰鎮（可參考 P.11 冰杯的做法）。
2. 以檸檬片沾濕杯口，以滾動方式於杯口沾上一圈鹽巴。
3. 搖酒器加入 1/2 杯冰塊，依序加入全部材料，搖盪至外部結霜。
4. 將飲料過濾倒入杯中，丟入一片檸檬片做為裝飾。

Margarita

藍色珊瑚礁 *Blue Lagoon*

利用藍柑橘香甜酒營造出如同置身藍色大海的想像，這杯酒的口味較清淡，適合平日閒暇時輕鬆隨性的搭配小點心飲用，喜歡甜味者也可以將蘇打水換成七喜汽水。

調法：Shake
味道：3
酒精濃度：中

材料 Ingredients

琴酒（Gin）1 1/2 oz.
藍柑橘香甜酒（Blue Curacao）3/4oz.
萊姆汁（Lime Juice）1/2oz.
蘇打水（Soda）八分滿

做法 Preparation

1. 取一只 12oz. 容量酒杯，加入六分滿冰塊。
2. 搖酒器裝入 1/2 杯冰塊，量取琴酒、藍柑橘香甜酒和萊姆汁加入，搖盪至外部結霜。
3. 將飲料過濾倒進杯中，再加入蘇打水至八分滿。放入調酒棒及吸管即可啜飲。

Blue
Lagoon

深水炸彈 *Deep Bomb*

先把一小杯的蘭姆，丟進一大杯的啤酒杯裡，再同時一口氣喝下這杯蘭姆加啤酒。酒精濃度挺高的，適合男人們豪邁的拚酒。有人說，它之所以叫作「深水炸彈」，是因為專門收拾潛藏在杯底的酒客。

Deep Bomb

調法：Pour
味道：5
酒精濃度：高

材料 Ingredients

冰啤酒（Ice Beer）1 杯
151 蘭姆酒（151proof Rum）1oz.

做法 Preparation

1. 量取蘭姆酒於小酒杯。
2. 將冰啤酒倒入啤酒杯中。
3. 將裝有蘭姆酒的小酒杯，沿著杯壁丟入啤酒杯中，即可啜飲。

Deep
Bomb

紅粉佳人 *Pink Lady*

這杯雞尾酒清爽又甜蜜的口感加上漂亮的粉紅色，深受女性朋友的喜愛。一般在吧檯會有兩種不同的做法，另一種是加入蛋白，顏色比較深紅且清澈透明。

我們以鮮奶油代替蛋白，色澤比較粉嫩。

Pink Lady

調法：Shake
味道：3
酒精濃度：低

材料 Ingredients

琴酒（Gin）3/4oz.
紅石榴糖漿（Grenadine Syrup）3/4oz.
鮮奶油 (Cream) 3/4oz.

- -

做法 Preparation

1. 冰杯：先將酒杯冰鎮（可參考 P.11 冰杯的做法）。
2. 搖酒器裝入 1/2 杯冰塊，依序加入全部材料，搖盪至外部結霜。
3. 將飲料過濾倒入事先冰鎮好的雞尾酒杯。

Pink
Lady

奇異果黛克瑞 *Kiwi Daiqui*

黛克瑞是一道廣為流傳的雞尾酒，基本的做法是利用搖盪法將酒材搖勻，過濾倒入冰鎮的雞尾酒杯中。也可以搭配不同的水果，利用電動攪拌法攪打成冰砂雪泥狀。草莓、香蕉、檸檬等都適合，也可以利用罐頭水果或冷凍水果製作。

Kiwi Daiquiri

調法：Electric Blend
味道：2
酒精濃度：中

材料 Ingredients

白色蘭姆酒（White Rum）1 1/2 oz.
白柑橘香甜酒（Triple sec）3/4 oz.
檸檬汁（Lemon Juice）1/2 oz.
糖水（Syrup）1/2 oz.
新鮮奇異果（Fresh Kiwi）3/4 顆

做法 Preparation

1. 電動攪拌機中裝入約 1/3 冰塊。
2. 將奇異果大切四片丟入，再依序加入全部材料，攪打均勻成雪泥狀。
3. 可以附上吸管或小茶匙飲用。

Kiwi
Daiquiri

愛爾蘭咖啡 *Irish Coffee*

這是餐廳中吸引客人的一個很棒的表演，調製時先將杯子以火烤熱，倒入愛爾蘭威士忌之後引火，會有非常漂亮的藍色火焰，再將熱咖啡倒入擠上鮮奶油。

傳統的愛爾蘭咖啡有特定專屬的杯子，在咖啡或調酒材料杯子專賣店可買到這樣的杯子。

Irish Coffee

調法：Pour
味道：3
酒精濃度：低

材料 Ingredients

愛爾蘭威士忌（Irish Whisky）1oz.
熱咖啡（Hot Coffee）1 杯
打發鮮奶油（Whipping Cream）適量
豆蔻粉（Nutmeg Powder）適量

做法 Preparation

1. 將愛爾蘭威士忌倒入咖啡杯中，再倒入事先煮好的熱咖啡。
2. 依照個人飲用嗜好加入適當的砂糖。
3. 熱咖啡上以繞圓圈方式擠入打發鮮奶油，撒上豆蔻粉即成。

Irish
Coffee

馬頸 *Horse's Neck*

這杯雞尾酒的特色在於裝飾物的呈現，切割檸檬時在蒂頭處先下一刀，再以螺旋的方式取下檸檬皮，盡量維持檸檬皮的粗細一致，將刀口放在果肉及綠皮之間，切割時特別小心不要把螺旋皮切斷了。

Horse's Neck

調法：Pour
味道：3
酒精濃度：低

材料 Ingredients

波本威士忌（Bourbon Whiskey）1 1/2 oz.
薑汁汽水（Ginger Ale）八分滿
檸檬皮（Lemon Peel）1 片

做法 Preparation

1. 取一只 10oz. 容量酒杯，加入六分滿冰塊。
2. 量取波本威士忌倒入杯中，將薑汁汽水加至八分滿。
3. 製作檸檬螺旋皮做為裝飾，放入調酒棒即可啜飲。

Horse's
Neck

天使之吻 *Angel's Kiss*

可可香甜酒是一種具有巧克力味道的香甜酒，很適合在餐後搭配甜點飲用，天使之吻要飲用前先將叉了紅櫻桃的劍叉放入攪拌一至二圈後，一飲而盡。濃厚的奶香加入巧克力的味道柔順滑嫩，令人愛不釋手。

懂得酒語的人，不必開口，就可以憑著調酒在夜店裡傳情。據說，如果想對甜美派美眉展開攻勢，男生不妨點杯「天使之吻」、「紅粉佳人」，送給女孩，暗示在我眼中妳美得像天使，頗能打動甜美美眉的芳心。

Angel's Kiss

調法：Float
味道：1
酒精濃度：低

材料 Ingredients

深可可香甜酒（Dark Creme de Cacao）1/2oz.
奶水（Light Cream）1/2oz.

做法 Preparation

1. 取一只香甜酒杯，量取可可香甜酒倒入。
2. 量取奶水，以吧叉匙抵住杯口，順著匙背將酒緩緩倒入，使其漂浮於可可香甜酒之上。
3. 以紅櫻桃裝飾。

Angel's
Kiss

史汀格 *Stinger*

有濃厚的薄荷味，適宜餐後飲用。Stinger 是以白蘭地和白薄荷香
甜酒調製而成，如果把白薄荷酒換成綠薄荷酒，就成了綠寶石雞尾
酒（Emerald），再加上些紅薄荷，則成了魔鬼雞尾酒（Devil's
Smile）。

Stinger

調法：Shake
味道：4
酒精濃度：高

材料 Ingredients

白蘭地（Brandy）1 1/2 oz.
白薄荷香甜酒（White Creme de Menthe）3/4oz.

做法 Preparation

1. 冰杯：先將酒杯冰鎮（可參考 P.11 冰杯的做法）。
2. 搖酒器裝入 1/2 杯冰塊，依序加入白蘭地和香甜酒，搖盪至外部結霜。
3. 將飲料過濾倒入事先冰鎮好的雞尾酒杯中，即可啜飲。

Stinger

蛋酒 *Eggnog*

這種由白蘭地加蘭姆酒、鮮奶、蛋黃等所調製而成的乳白色濃稠狀飲料，是北美地區聖誕節期間家家都會喝的酒。拿掉酒類，就可以變成適合兒童的蛋蜜汁，而加入 Espresso 咖啡，就成了受女性歡迎的 Eggnog Latte。

Eggnog

調法：Shake
味道：3
酒精濃度：中

材料 Ingredients

白蘭地（Brandy）1 1/2 oz.
白色蘭姆酒（White Rum）1/2 oz.
鮮奶（Milk）2 1/2 oz.
糖水（Syrup）1/2 oz.
蛋黃（Yolk）1 個
豆蔻粉（Nutmeg Powder）適量

做法 Preparation

1. 取一只 10oz. 容量酒杯，裝入三分滿冰塊，先置於一旁。
2. 搖酒器裝入 1/2 杯冰塊，依序加入白蘭地、蘭姆酒、鮮奶和糖水，蛋黃最後放，以避免結塊。
3. 搖盪至外部結霜，將飲料過濾倒入杯中，放入調酒棒，撒上豆蔻粉做為裝飾。

Eggnog

B 對 B   *B&B*

這是一杯酒精濃度很高的雞尾酒，名字即取自班尼迪克丁（Benedictine）和白蘭地（Brandy）。兩種酒材的顏色非常相近，但把酒杯舉起來朝著燈光的方向，則可以看到很明顯的分層，晶瑩剔透。班尼迪克丁酒是一種結合了二十幾種香藥草所製作的藥酒，最早是由法國修道院中的修道士製出，標籤上的 D.O.M 是奉獻給至高上帝的縮寫。

B&B

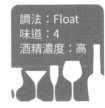

調法：Float
味道：4
酒精濃度：高

材料 Ingredients

班尼迪克丁香草酒（Benedictine）1/2oz.
白蘭地（Brandy）1/2oz.

做法 Preparation

1. 取一只香甜酒杯，量取班尼迪克丁酒倒入。
2. 量取白蘭地，以吧叉匙抵住杯口，順著匙背將酒緩緩倒入，使其漂浮於班尼迪克丁之上。

外交大使 *Ambassador*

這是一杯容易調製的雞尾酒，和柳橙汁搭配在一起，可以掩飾龍舌蘭的辛辣味，加一點糖水可增加風味；若將糖水換成紅石榴糖漿，就成為有名的「特吉拉日出」（P.36）。

Ambassador

調法：Shake
味道：3
酒精濃度：低

材料 Ingredients

龍舌蘭（Tequila）2oz.
糖水（Syrup）1/2oz.
柳橙汁（Orange Juice）八分滿

做法 Preparation

1. 將 8oz. 寬口杯加入七分滿冰塊。
2. 將龍舌蘭及糖水加入，攪拌均勻。
3. 倒入柳橙汁至八分滿即可啜飲。

教父 *God Father*

這是為紀念電影《教父》而誕生的雞尾酒。風格獨特，具有直接且強烈特性的蘇格蘭威士忌，喝入喉時的刺激快感，和熟成後微微散發出來的香味，是無法捨棄的味覺。以此做基酒的調酒，相當適合男性飲用。另外還有一款教母（God Mother），則是由杏仁香甜酒加上伏特加而調製的。

God Father

調法：Pour
味道：4
酒精濃度：高

材料 Ingredients

蘇格蘭威士忌（Scotch Whisky）1 1/2 oz.
杏仁香甜酒 （Amaretto）3/4oz.

做法 Preparation

1. 取一只 8oz. 容量寬口杯，裝入三分滿冰塊。
2. 依序加入威士忌和香甜酒，攪拌均勻即成。

God
Father

芝加哥炸彈 *Chicago Bomb*

這是一杯偏甜的雞尾酒，深受喜愛甜食的女性歡迎，使用香草冰淇淋可以凸顯薄荷及可可香甜酒的味道；或許也可以嘗試草莓、巧克力口味的冰淇淋，有何不可呢？

Chicago Bomb

調法：Electric Blend
味道：1
酒精濃度：中

材料 Ingredients

白可可香甜酒（White Creme de Cacao）3/4oz.
綠薄荷香甜酒（Green Creme de Menthe）3/4oz.
香草冰淇淋（Vanilla Ice Cream）1 球

- -

做法 Preparation

1. 電動攪拌機中加入適量冰塊。
2. 依序加入全部材料攪打均勻成雪泥狀。
3. 倒入雞尾酒杯中即可啜飲。

Chicago
Bomb

古典酒 *Old Fashioned*

這是一杯源自美國的雞尾酒,使用的寬口杯也與酒同名,稱為古典杯。調製過程中較特殊的是先放入方糖、苦精後,將方糖壓碎再加入波本威士忌攪拌均勻。蘇打水的份量約蓋過方糖即可,扭轉檸檬皮及柳橙皮位置要在飲料上方,飲用時才聞得到清新的果香。

Old Fashioned

調法:Pour
味道:4
酒精濃度:中

材料 Ingredients

波本威士忌(Bourbon Whiskey)1 1/2 oz.
方糖(sugar cube)1 個
苦精(Angostura Bitter)2 滴
蘇打水(Soda)少許
檸檬皮(Lemon Peel)1 片
柳橙皮(Orange Peel)1 片

做法 Preparation

1. 取一只 8oz. 容量古典酒杯,放入方糖,滴 2 滴苦精於方糖上,以吧叉匙將方糖壓碎。
2. 放入 2～3 顆冰塊,量取威士忌倒入,將事先準備好的檸檬皮及柳橙皮扭轉後放入杯中。
3. 倒入少許蘇打水,以檸檬片及紅櫻桃裝飾。

Old
Fashioned

04

受歡迎—
**Popular
Cocktail**
最愛調酒

淡淡的粉紅、淺紫、湛藍，漂亮的雞尾酒杯，
溫柔的名字、微甜微醺，女生都愛喝雞尾酒呀！
而喜歡冒險、尋刺激、愛挑戰的男人，
雞尾酒更是他們的好朋友！
翻開這單元，男與女最愛的雞尾酒統統在這裡。

雪白佳人 *White Lady*

雪白佳人和側車是相類似的酒,都是基酒+柳橙香甜酒+萊姆汁,
只是側車用的是白蘭地,雪白佳人則是琴酒。
雪白佳人又叫 Delilah、Gin Sidecar 或 Chelsea Sidecar,最早是
由 Harry MacElhone 1919 年在倫敦發明,最初是使用薄荷香甜酒
做為基酒,之後再經過調整,才把這杯調酒改為以琴酒為基底。

White Lady

調法:Shake
味道:3
酒精濃度:中

材料 Ingredients

琴酒(Gin)11/2 oz.
君度橙香甜酒(Cointreau)1/2oz.
萊姆汁(Lime Juice)1/3oz.
蛋白(Egg White)1 顆

做法 Preparation

1. 冰杯:先將雞尾酒杯放入冰箱中冰鎮 2 分鐘以上。
2. 將搖酒器裝入 1/2 杯冰塊,依序倒入全部材料,搖盪至外部結霜。
3. 將飲料過濾倒入事先冰鎮好的雞尾酒杯。

White Lady

夢幻第七杯 *The Seventh*

冰塊可利用電動攪拌機攪碎，不要攪得太細。先倒入奇異果香甜酒後，沿著杯緣緩緩倒入蔓越梅汁，因為兩者的比重差異頗大，會有漸層效果，很漂亮。水果口味的香甜酒可以做出很多的變化，在書中會一一提到，讀者可以選擇一種喜歡的口味來調製雞尾酒。

The Seventh

調法：Pour
味道：1
酒精濃度：中

材料 Ingredients

奇異果香甜酒（Kiwi Liqueur）1 1/2 oz.
蔓越莓汁（Cranberry Juice）2oz.

做法 Preparation

1. 取一只 6oz. 容量酒杯，裝入八分滿碎冰塊，量取香甜酒倒進杯中。
2. 量取蔓越莓汁，沿杯壁緩緩倒下，以紅櫻桃裝飾。

The Seventh

火山島 *Honolulu*

攪打冰塊時，不用打太碎，更不要打成雪泥狀，會使得酒的口感喪失。這杯飲料可以選用高腳杯盛裝，艷麗的紅色加上碎冰的冰涼感，非常適合夏日飲用，加上綠色的薄荷葉裝飾會很漂亮。

調法：Electric Blend
味道：3
酒精濃度：高

材料 Ingredients

白色蘭姆酒（White Rum）1 1/2 oz.
檸檬汁（Lemon Juice）3/4oz.
紅石榴糖漿（Grenadine Syrup）1 oz.
白柑橘香甜酒（Triple sec）1/2 oz.
糖水（Syrup）1/2oz.

做法 Preparation

1. 電動攪拌機中加入冰塊，至約鋼杯 1/4 量，量取全部材料依序加入。
2. 將材料攪打至均勻，冰塊成碎冰狀。
3. 將飲料倒入 10oz. 容量酒杯中，可以薄荷葉裝飾。

Honolulu

加州之戀 *California Punch*

蘇打水無色無味，為碳酸飲料的一種，利用蘇打水調製飲料不但不
會影響酒材的風味，還會造成清爽的口感。同樣的如果希望能增加
飲料的甜味，則可以加入七喜汽水來達到這樣的效果，但是要考慮
到材料之間能否協調。

蘭姆酒也很適合加入果汁飲用，其本身具備的甜香與果汁的酸味形
成完美的搭配，例如加入柳橙汁、檸檬汁和紅石榴糖漿就成了農家
樂（Planter's Punch），有興趣可以多嘗試不同的果汁搭配。

California Punch

調法：Pour
味道：3
酒精濃度：低

材料 Ingredients

白色蘭姆酒（White Rum）1 1/2 oz
柳橙汁（Orange Juice）2oz.
蘇打水（Soda）八分滿

做法 Preparation

1. 取一只 12oz. 容量酒杯，裝入六分滿冰塊。
2. 量取全部材料依序加入。
3. 攪拌均勻，放入調酒棒及裝飾物即可啜飲。

California
Punch

杏仁奶酒 *Amaretto and Cream*

濃濃的杏仁香加上奶味，深受女孩子的青睞，很適合做為餐後酒。
調製時要盡量避免兩種顏色混在一起，倒入奶水時把速度放慢，就
容易成功。杏仁奶酒除了上述的漂浮法外，也可以直接加冰塊飲
用，但是就不會出現兩種層次了。

調法：Float
味道：1
酒精濃度：中

材料 Ingredients

杏仁香甜酒（Amaretto）1oz.
奶水（Light Cream）3/4oz.

- -

做法 Preparation

1. 取一只 2oz. 容量小酒杯，量取杏仁香甜酒倒入。
2. 量取奶水，以吧叉匙抵住杯口，順著匙背將酒緩緩倒入，使其漂浮於杏
   仁香甜酒之上。

Amaretto and Cream

香蕉牛奶 *Banana Milk*

香蕉是台灣盛產的水果之一，搭配蘭姆酒非常適合。若喜愛香蕉的味道可酌量增加。至於冰塊，約 4 顆左右即可，冰塊或是香蕉加越多則飲料會越濃稠，因此加太多會有反效果，也不夠清爽，香草精也是重點，隨手滴兩滴即可。

Banana Milk

調法：Electric Blend
味道：2
酒精濃度：低

材料 Ingredients

白色蘭姆酒（White Rum）
香蕉（Banana）3/4 根
新鮮牛奶（Milk）2 1/2 oz.
香草精（Vanilla Extract）1/4oz.
糖水（Syrup）1/2 oz.

做法 Preparation

1. 將香蕉切塊丟入電動攪拌機中，加入少許冰塊。
2. 依序加入蘭姆酒、牛奶、香草精和糖水，攪打至均勻成雪泥狀。
3. 將飲料倒入 12oz. 容量酒杯中，放入吸管即可啜飲。

Banana
Milk

奇蹟 *Miracle*

這杯酒的調製方法較簡單，但是酒材的比例要稍微注意，拿捏得當味道才會協調。杯子可選容量小一點的，也可以有一點花邊的，喝起來心情更愉悅。

Miracle

調法：Pour
味道：2
酒精濃度：中

材料 Ingredients

伏特加（Vodka）11/2 oz.
奇異果香甜酒（Kiwi Liqueur）3/4 oz.
柳橙汁（Orange Juice）八分滿

做法 Preparation

1. 取一只 10oz. 容量酒杯，裝入八分滿碎冰。
2. 依序加入伏特加、奇異果香甜酒，倒入柳橙汁至八分滿。
3. 攪拌均勻，以紅櫻桃裝飾。

Miracle

鳳梨奶霜 *Pineapple Cream*

這是一道很受女生喜歡的雞尾酒，微酸的鳳梨、微甜的奶香，還有些許椰子味，充滿了南洋風味，亦能感受到白色蘭姆酒入喉的微熱感，很舒服。加了冰淇淋的雞尾酒，冰淇淋的口味以香草較適當，不會蓋過酒的香味，口感也較協調。

調法：Electric Blend
味道：1
酒精濃度：低

材料 Ingredients

白色蘭姆酒（White Rum）1oz.
檸檬汁（Lemon Juice）1/2oz.
鳳梨汁（Pineapple Juice）2oz.
椰漿（Coconut Cream）1 oz.
糖水（Syrup）1/2 oz.
香草冰淇淋（Ice Cream）1 大球

做法 Preparation

1. 量取全部材料放入電動攪拌機中。
2. 將材料攪打至均勻成雪泥狀。
3. 將飲料倒入 12oz. 容量酒杯中，放入吸管即可啜飲。

Pineapple Cream

Pineapple
Cream

熱肉桂 *Hot Cinnamon*

這是一杯熱雞尾酒，一般在吧檯中比較少見到。熱氣可以將白蘭地及檸檬的香味散發出來，尤其是有感冒症狀的人，可以來一杯熱雞尾酒，不但鼻中充滿香氣，喉嚨也會感到非常舒適。除了白蘭地之外，蘭姆酒也十分適合用來調製熱的雞尾酒。

Hot Cinnamon

調法：Pour
味道：3
酒精濃度：中

材料 Ingredients

白蘭地（Brandy）1oz.
檸檬汁（Lemon Juice）1/2 oz.
蜂蜜（Honey）3/4oz.
肉桂棒（Cinnamon Sticks）1 支
丁香（Clove）2 顆
熱水（Hot Water）八分滿
檸檬皮（Lemon Peel）1 片

做法 Preparation

1. 量取白蘭地、檸檬汁、蜂蜜倒入杯中。
2. 加熱水至八分滿，放入肉桂棒攪拌均勻。
3. 扭轉檸檬皮，再將檸檬皮及丁香放入杯中。

P.S 檸檬皮做法：取檸檬角，去掉果肉及皮白，只留下綠皮部分。

Hot
Cinnamon

飛天蚱蜢 *Ice Grasshopper*

這是一杯由可可和薄荷兩種不同風味的香甜酒加上伏特加搭配而成的雞尾酒，酒精濃度較高，使用搖盪法除了可將三種材料充分混合外，更使得原本濃烈的酒變得更順口，清涼的薄荷加上可可的甜蜜，非常適合餐後搭配甜點或單獨飲用。

Ice Grasshopper

調法：Shake
味道：2
酒精濃度：高

材料 Ingredients

伏特加（Vodka）1oz.
白可可香甜酒（White Creme de Cacao）1oz.
綠薄荷香甜酒（Green Creme de Menthe）1oz.

做法 Preparation

1. 冰杯：先將酒杯冰鎮（可參考 P.11 冰杯的做法）。
2. 搖酒器裝入 1/2 杯冰塊，依序加入伏特加和香甜酒，搖盪至外部結霜。
3. 將飲料過濾倒入事先冰鎮好的雞尾酒杯即成。

Ice
Grasshopper

霜凍柏克萊 *Frozen Berkeley*

這是一杯很適合夏日飲用的冰沙雞尾酒，調製的搭配也多變化，在家中可以試著替換不同的基酒，搭配各式口味的果汁來製作，加一點檸檬汁，風味更佳。

Frozen Berkeley

調法：Electric Blend
味道：3
酒精濃度：中

材料 Ingredients

白蘭地（Brandy）1/2oz.
白色蘭姆酒（White Rum）1 1/2 oz.
百香果汁（Passion Fruit Juice）1/2oz.
檸檬汁（Lemon Juice）1/2oz.

做法 Preparation

1. 電動攪拌機中加入冰塊，約鋼杯 1/2 的量。
2. 依序加入白蘭地、白色蘭姆酒、百香果汁和檸檬汁，攪打均勻成雪泥狀。
3. 倒入雞尾酒杯中即可啜飲。

Frozen
Berkeley

藍色星期一 *Blue Monday*

飲用時充滿了琴酒的杜松子香及檸檬的芬芳，又略帶苦味；這杯雞尾酒可做為餐前酒飲用。一般來說，不甜的雞尾酒、白酒及香檳都適合做為餐前酒。而帶有甜味的雞尾酒，如綠色蚱蜢、白蘭地亞歷山大，則可以搭配甜點於餐後飲用，會讓人有飽足的感覺。

苦精是一種帶有苦味的藥酒，含有酒精成分，亦可促進腸胃消化；有些人會將蘇打水加入少許苦精和檸檬做為消除腸胃不適的方法。

調法：Stir
味道：5
酒精濃度：高

材料 Ingredients

琴酒（Gin）1 1/2 oz.
藍柑橘香甜酒（Blue Curacao）3/4oz.
苦精（Angostura Bitter）1 滴
檸檬皮（Lemon Peel）1 片

做法 Preparation

1. 冰杯：先將酒杯冰鎮（可參考 P.11 冰杯的做法）。
2. 搖酒器裝入 1/2 杯冰塊，依序加入琴酒、香甜酒和苦精，以吧叉匙攪拌均勻。
3. 將飲料過濾倒入事先冰鎮好的雞尾酒杯。
4. 以檸檬皮做為裝飾。

Blue
Monday

猛牛 *Brave Bull*

綜合了兩種墨西哥經典酒材：龍舌蘭和咖啡香甜酒，把其中的龍舌蘭換成伏特加，就成了黑色俄羅斯，打發鮮奶油可視喜好決定是否添加。

Brave Bull

調法：Pour
味道：3
酒精濃度：高

材料 Ingredients

龍舌蘭（Tequila）2oz.
咖啡香甜酒（Kahlua coffee Liqueur）1oz.
打發鮮奶油（Whipping Cream）適量

做法 Preparation

1. 將 6oz 寬口杯加入七分滿冰塊。
2. 依序加入龍舌蘭和咖啡香甜酒，攪拌均勻。
3. 讓打發鮮奶油漂浮於飲料上方即可啜飲。

銀色月光 *Silver Moonlight*

這杯雞尾酒最大的特點就是使用茴香酒。茴香酒是以蒸餾酒加上香草藥草製成，具特殊的香味，為餐後飲料。目前餐廳中較常見的茴香酒是 Sambuca，據說 Sambuca 的飲用法是加入三顆咖啡豆，三顆咖啡豆分別代表健康、財富和幸運，然後點火，點燃時咖啡豆的香氣隨著火焰與酒融合，再用檸檬頭蓋上，一口飲下。

Silver Moonlight

調法：Float
味道：5
酒精濃度：高

材料 Ingredients

伏特加（Vodka）1/2oz.
茴香香甜酒（Anisette）1/2oz.

做法 Preparation

1. 量取伏特加倒入香甜酒杯中。
2. 量取茴香香甜酒，沿杯壁緩緩倒入，點火。

PS. 此道酒由 Bartender 點火後，需立即飲用，以短吸管迅速的一口氣將飲料吸入。

Silver
Moonlight

Vodka Martini

伏特加馬丁尼

SMartini，人們稱它為雞尾酒之王，琴酒或是伏特加都可以做為基本酒。韓劇《情定大飯店》裡，裴勇俊常在吧檯喝的就是這杯馬丁尼。Vodka Martini 也是電影「007」系列中，詹姆士龐德的最愛，他總是要求酒保「shaken, not stirred」，意即不攪拌，直接加入冰塊 Shake。

Vodka Martini

調法：Stir
味道：5
酒精濃度：高

材料 Ingredients

伏特加（Vodka）2oz.
不甜苦艾酒（Dry Vermouth）1/3oz.

做法 Preparation

1. 冰杯：先將酒杯冰鎮（可參考 P.11 冰杯的做法）。
2. 搖酒器裝入 1/2 杯冰塊，加入伏特加和苦艾酒，以吧叉匙攪拌均勻。
3. 將飲料過濾，倒入事先冰鎮好的雞尾酒杯。
4. 以紅心橄欖裝飾。

Vodka
Martini

高潮 *Orgasm*

這四種酒材的搭配非常特別，組合成一種特別的口感，加上有趣的名字，大家不妨嘗試看看！除了鮮奶油之外都是有酒精的材料，且不易混合，所以要先以搖酒器搖盪均勻後再倒入杯中。香甜酒的種類繁多，不下百餘種，一般來說香甜酒是以烈酒為基礎，加上香草、果實、藥草等特殊香味蒸餾浸漬而成的。

Orgasm

調法：Shake
味道：2
酒精濃度：高

材料 Ingredients

伏特加（Vodka）1/2oz.
杏仁香甜酒（Amaretto）1/2oz.
白柑橘香甜酒（Triple sec）1/2oz.
白可可香甜酒（White Creme de Cacao）1/2oz.
鮮奶油（Cream）1oz.

做法 Preparation

1. 搖酒器裝入 1/2 杯冰塊，依序加入全部材料，搖盪至外部結霜。
2. 寬口杯中加入六分滿冰塊，將飲料過濾倒入即成。

Orgasm

金色夢幻 *Golden Dream*

義大利香草酒的味道非常特殊，是綜合了茴香、藥草香草等材料製
成的香甜酒，聞起來有點像八角的味道，一般洋酒門市皆可買到。
這道酒的材料較不易混合，所以要先將材料均勻搖盪之後，再倒入
加了碎冰的杯子中。

Golden Dream

調法：Shake
味道：3
酒精濃度：低

材料 Ingredients

義大利香草酒（Galliano）1oz.
君度橙香甜酒（Cointreau）3/4oz.
柳橙汁（Orange Juice）1oz.
奶水（Light Cream）1/2oz

做法 Preparation

1. 取一只 8oz. 容量酒杯，裝入五分滿碎冰，先置於一旁。
2. 搖酒器裝入 1/2 杯冰塊，倒入全部材料，搖至外部結霜。
3. 將飲料過濾倒入杯中，可以薄荷葉做為裝飾物。

Golden
Dream

爵士樂 *Jazz*

入口時味道濃純香滑，不諳酒性的朋友也可以飲用。此杯酒的材料不易混合，因此要使用搖盪法將材料搖勻過濾再倒入杯中，以寬口杯加冰塊飲用也很好喝。

調法：Shake
味道：1
酒精濃度：高

材料 Ingredients

咖啡香甜酒（Kahlua coffee Liqueur）1oz
深可可香甜酒（Dark Creme de Cacao）1oz.
鮮奶油（Cream）1oz.

做法 Preparation

1. 取一只 8oz. 容量酒杯，裝入 3～4 顆冰塊。
2. 量取香甜酒和鮮奶油，依序加入搖酒器中。裝入 1/2 杯冰塊，搖盪至外部結霜。
3. 將飲料過濾倒入杯中，以薄荷葉裝飾。

Taster 013

簡單調製雞尾酒
調酒新手的第一本書

作者｜李佳紋
攝影｜徐博宇、蕭維剛
美術設計｜許維玲
編輯｜劉曉甄
校對｜翔縈
企畫統籌｜李橘
總編輯｜莫少閒
出版者｜朱雀文化事業有限公司
地址｜台北市基隆路二段 13-1 號 3 樓
電話｜ 02-2345-3868
傳真｜ 02-2345-3828
劃撥帳號｜ 19234566　朱雀文化事業有限公司
E-mail｜ redbook@hibox.biz
網址｜ http://redbook.com.tw
總經銷｜大和書報圖書股份有限公司 (02)8990-2588
ISBN｜ 978-986-99061-7-3
初版一刷｜ 2020.10
定價｜ 220 元

出版登記｜北市業字第 1403 號
全書圖文未經同意不得轉載和翻印
本書如有缺頁、破損、裝訂錯誤，請寄回本公司更換

國家圖書館出版品預行編目

簡單調製雞尾酒：調酒新手的第
一本書 / 李佳紋著, —初版 . —
台北市：朱雀文化，2020.10
面；　公分 . —(Taster 013)
ISBN 978-986-99061-7-3
1. 酒　2. 調酒

About 買書

●實體書店：北中南各書店及誠品、金石堂、何嘉仁等連鎖書店均有販售。建議直接以書名或作者名，請書店店員幫忙尋找書籍及訂購。

●●網路購書：至朱雀文化網站購書可享 85 折起優惠，博客來、讀冊、PCHOME、MOMO、誠品、金石堂等網路平台亦均有販售。

●●●郵局劃撥：請至郵局窗口辦理（戶名：朱雀文化事業有限公司，帳號 19234566），掛號寄書不加郵資，4 本以下無折扣，5 ～ 9 本 95 折，10 本以上 9 折優惠。

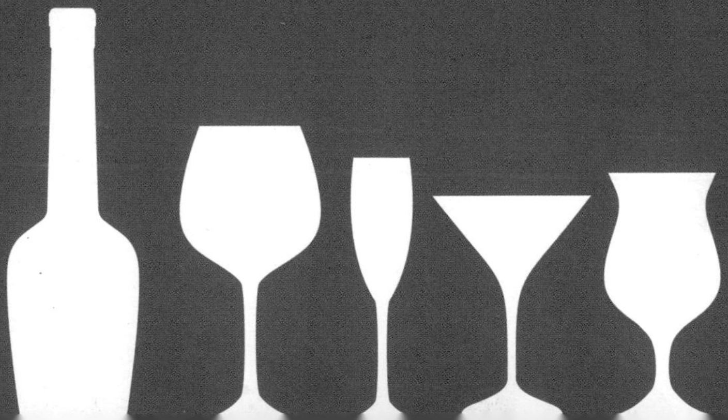